科學知識系列

森巴FAM

呼吸的知識

編繪 姜智傑

登場人物介紹

森巴

來自非洲森林的4歲小男孩，習慣了森林生活，因此不擅說話，但運動能力極強。家中住着一大群自幼認識的動物朋友，過着無憂無慮的日子。

小剛

平凡普通的小學生，但森巴不懂城市生活的細節，往往為他帶來麻煩。不過他心底裏卻是非常愛護這位頑皮的弟弟。

阿伯Johnny

流連公園的97歲老人。雖然已退休，但仍然日日兼職，對金錢有一份過人的執着。

馬騮

懂得說話的猴子，
緊隨森巴來到小剛家，
但身世仍然是個謎。

翠翠

「哈蜜瓜族」族長女兒，憤怒時會
野性化。森巴的未婚妻（自稱），
由非洲追到來小剛家，後來為了
照顧森巴，決定寄住家中。

兜巴哥

素食主義部族「咕嚕族」
人，遵從他認為是「咕嚕
神」的馬騮之意，留在
小剛家當保安。森巴
永遠的宿敵，決鬥
互有勝負。

古斯馬

居於深山的野人，
凡事都要拿第一。

祖迪

街頭藝人，喜歡演奏
披頭四的樂曲。

司儀

本名Jojo，主持巨肺
運動會的金牌司儀。

目錄

Contents

第一回
氣球大派對

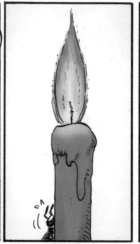

9

這些是氣球啊。

它是今天派對的主角!

氣球派對開始了!!

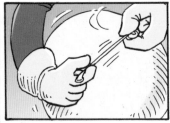

哇～～

波 波 沒 了

哈哈，
不要緊。

叫小丑先生
再吹一個給你吧。

他說這次
到你吹。

呀

哈——

呼——

呼——

呼——

吹 不 到

你要好好運用呼吸才行啊。

呼 吸 ?

你不知道呼吸是甚麼嗎?

我們由口或鼻孔把空氣吸入肺部,當中的氧氣能在細胞裏合成能量,維持生命。這時產生的二氧化碳,也會運送到肺部,在我們呼氣時排出體外。
這個氣體交換的過程就叫做呼吸了。

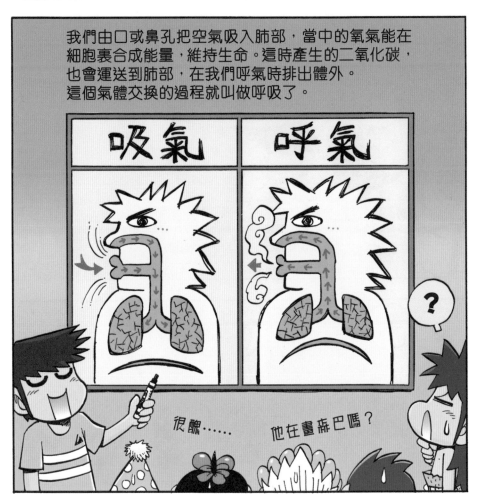

吸氣

呼氣

很醜......   他在畫痲巴嗎?

你首先吸一大口空氣儲在肺部⋯⋯

然後一口氣吹進氣球內⋯⋯

看,這氣球已經充滿我吹出的空氣了。

哇

啪啪啪

給 我 看

哇——

噗噗噗～

哦 甚 麼 也 沒 有?

空氣十分小,又無色無味,是看不見的。

呀————

你在幹甚麼?

吃空氣

噗

24

作者
K先生

請容許我在這裏介紹一下這個角色。
阿伯 Johnny 是個經常流連公園的
老伯,據說已經 97 歲。
他與愛犬 Bobby 相依為命,
是本漫畫中第二受歡迎的男主角。
第一位當然是人見人愛的森巴啦。

← Bobby

我才是第二
受歡迎啊!

謝謝!

不用客氣!

這個
亂作故事的
漫畫家!

我夠錢
買原稿紙
了!

今天的
氣球派對
好玩嗎?

好玩!

想下次
再玩嗎?

想!

我沒說謊她。

呼吸也要分內與外？

——內呼吸與外呼吸

在科學角度上，呼吸不是單純指呼氣與吸氣，而是氣體交換。人體內有兩個位置會進行氣體交換，但不包括鼻孔呢。

外呼吸

在肺部的肺泡內進行。我們吸入的氧氣，在這裏傳送給流經微絲血管的紅血球，讓它們帶往全身每個角落。而紅血球帶着的二氧化碳，則同時送去肺泡，再經呼氣排出體外。

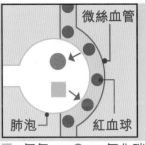

微絲血管

肺泡 ─┘　　　　　紅血球

■：氧氣　　●：二氧化碳

氣體如何交換？

肺泡與血管之間的隔壁足以讓空氣分子通過，氧氣和二氧化碳以擴散作用的方式交換，所以我們呼出的空氣並非只有二氧化碳呢。

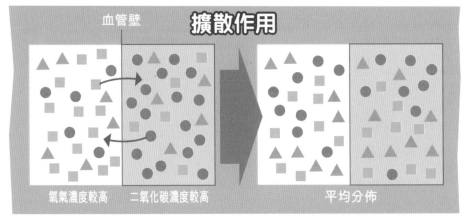

血管壁　　　　**擴散作用**

氧氣濃度較高　　二氧化碳濃度較高　　　　　　平均分佈

內呼吸

紅血球把氧氣帶到全身組織，跟細胞進行氣體交換，就稱為內呼吸。這過程同樣以擴散作用進行，細胞會把製造能量時產生的二氧化碳交給紅血球帶走。

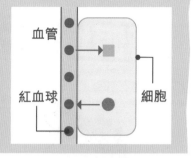

血管

紅血球

細胞

粒線體

二氧化碳

能量

氧

細胞要氧氣做甚麼？

細胞內含有一些粒線體，無時無刻都產生能量，是身體的發電機。而這過程需要用到氧氣，完成後會排出二氧化碳，這就是我們必須一直呼吸的原因。

我們能不呼吸多久？

人類如不呼吸，大約5分鐘就有機會窒息死亡。不過腦部在氧氣耗盡前會反射性強迫呼吸，所以我們無法一直憋氣。

▶ 人類平均只能忍住呼吸約1分鐘，但經過訓練可延長這時間。現時憋氣的世界紀錄為24分鐘3秒，於2016年創下。

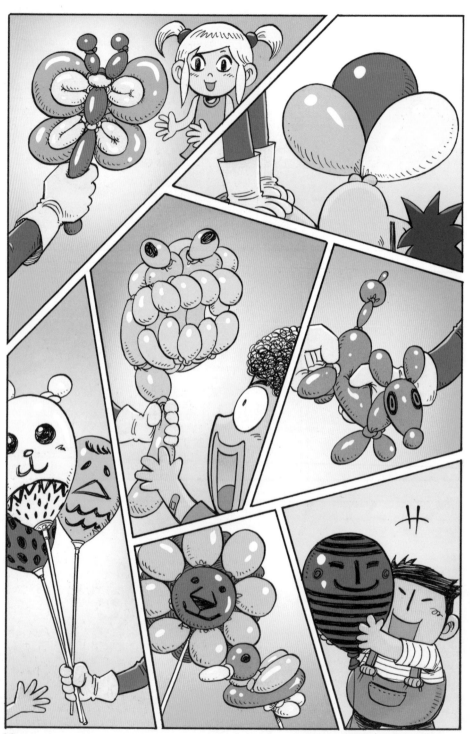

35

今天的演出要結束了，謝謝大家欣賞。

咦，小朋友你怎麼還在？

你的家人呢？

森巴！

原來你來了這裏看祖迪表演。

剛才你也跳得很精彩啊。

哈～

啊，你是最近在那邊賣氣球的小丑！

今天帶了乖孫來嗎？

哈哈，不是啦。森巴是我今天的得力助手啊。

咦呀—

原來如此，剛才他很受歡迎呀。

左手

可惜未唱完整首歌，
我和森巴的首次合作就結束了。

蒙 面 大 賊

捉 你 到 警 局

你誤會了！

這是口罩，
用來防止疾病
傳染的。

41

一個人感染了如傷風感冒等傳染病，
在打噴嚏或咳嗽時，病菌會依附在飛沫傳播給別人。

但只要他戴上口罩，就能防止飛沫散播。
而健康的人戴上口罩，亦可阻擋病菌入侵，減低染病機會。

口罩不能隨便給別人戴的！

這個防不到病菌啊。

甚麼?

那是鬍子吧……

好好想想

不夠再想想

那些都不是口罩的材料啊!

我有辦法!

就這樣撐一下吧。

謝謝,那我也要趕快回家了。

雀雀

對了,我有份禮物送給你們。

四年一度的巨肺運動會參賽證!

GL

哇!

運 動 會 好 好 玩

這不是一般的運動會啊。

大會透過比賽，選出肺功能最強的人擔任推廣大使，宣傳肺部健康訊息，鼓勵人們多做運動，保持呼吸系統運作暢順！

不過最重要的是冠軍可得到 10,000 元獎金！這次發達了！

$10000

咦，你們不這麼認為嗎？

橡 筋

只是 10,000 元而已……

我病了不能參賽，看你能幫忙吹那麼多氣球，相信一定能取得好成績。

好

47

森巴得到
「巨肺運動會參賽證」！

我走了，
祝你們好運！

再見！

既然如此，就讓我
做你的教練吧！

好

盛惠 300 元教練費。

是

算了，
等你贏得獎金後再問吧……

訓 練

訓 練

甚麼!?

巨肺運動會?

Yeah～

所以我會幫森巴特訓。

盛惠 500 元特訓費。

我哪有這麼多錢⋯

吱——!

呀!是最強的金鑽電蛙!

現在戰況激烈,你們特訓完我再去接他吧!

出甚麼牌好呢?

那我們就開始吧。

好

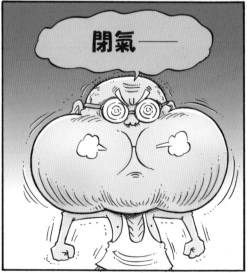

看！身體變得
輕飄飄的！

變 了
氣 球

到你了。

現在對着那塊石頭，用盡全力把空氣吐出來吧。

好啊！
空氣炮練成了！

嘿嘿，
這次我贏定了！

你怎樣防守
也擋不住我的。

剛 我們
回來了！

看森巴變得
多厲害！

哇——
我的卡牌啊!!

噁，
這局不算。

森巴
——
!!

哈

巨肺運動會
下回正式開幕！

56

呼吸太快也是病?
——呼吸系統的疾病

呼吸系統疾病是最常見的病症,幾乎每個人一生也會患上不止一次。除了傷風感冒等輕症,即使是過度呼吸,也可能是一種病!

過度換氣綜合症

人類靜止時普遍每分鐘約12次呼吸,但當我們受某些因素影響,呼吸就會變得急速,導致血液內的二氧化碳濃度過低,引發病症。

主要成因
- 焦慮或恐慌
- 懷孕
- 受傷流血或感染
- 一些心肺症狀

症狀
- 喘氣,有氧氣不足的錯覺
- 強烈的恐懼感
- 暈眩、胸痛,嚴重者昏迷
- 四肢或嘴唇麻痺
- 肌肉抽搐

撤除極少數可致命的嚴重個案,過度換氣綜合症是輕微病症,只要平靜放鬆,重整呼吸即可復原。預防勝於治療,記緊時刻保持心情輕鬆,多做運動啊!

常見呼吸道疾病

呼吸道感染

病毒或細菌入侵呼吸道而引發的病症。常見的有傷風感冒、流感、扁桃腺炎、支氣管炎及肺炎等。上、下呼吸道感染的症狀有些不同。

▶下呼吸道感染不會出現鼻塞、打噴嚏等症狀，但會咳嗽及胸痛，損害肺部，對健康影響嚴重得多。

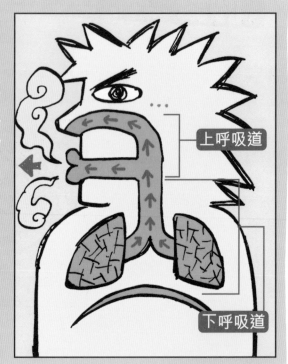

上呼吸道

下呼吸道

哮喘

因遺傳及環境因素所致，引起喘氣及胸部壓迫，嚴重更會導致併發症。

肺癌

主要因吸煙，或長期吸入化學氣體引致肺部細胞突變，形成腫瘤。

為甚麼森巴不會感冒？

生活壓力會加快消耗維他命，削弱免疫系統。森巴根本沒有壓力，自然不會生病啦！

58

第三回
巨肺運動會

61

63

滚！

森巴你沒事嗎？

我要吃東西！

很好玩

Ladies & Gentlemen！Welcome!!

我是司儀Jojo！今天我會為大家主持運動會的所有項目！

事不宜遲，現在請先欣賞精彩的開幕影片！

現代城市發展急速，
先進的工業和科技生活
卻產生了大量廢氣。

空氣污染情況嚴重，
令人類及所有生物的
健康深受影響。

空氣清新，
我們才可擁有
健康的肺。

污濁的空氣則會
引起很多疾病，
甚至帶來死亡。

四年一度的巨肺運動會，
正是以別開生面的比賽，
喚醒大眾對空氣污染問題
的關注。

我們呼籲大家多做運動，
鍛煉心肺功能，
保持呼吸系統健康，
長命百歲！

吉祥物
輝輝

67

這裏就是第一回合
比賽場館！

由於要在
密室內作賽⋯

所以設有現場轉播
給外面的觀眾欣賞！

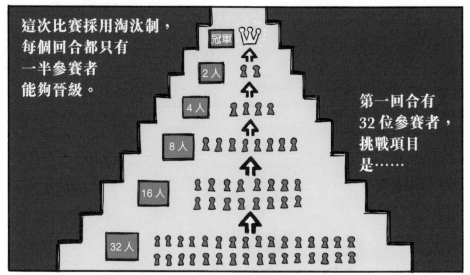

這次比賽採用淘汰制，
每個回合都只有
一半參賽者
能夠晉級。

冠軍

2人

4人

8人

16人

32人

第一回合有
32 位參賽者，
挑戰項目
是⋯⋯

這是混合了指天椒、芥末、榴槤、臭豆腐、蒜頭、鹽醃鯡魚、白醋、洋蔥、臭鼬鼠、青蛙尿等刺激性物質製成的煙霧。

這是比喻空氣污染為人類帶來深遠的影響，你們現在覺得很難受吧？

這回合是測試你們的忍耐力。

如果忍受不了，可從四周的出口離開！

外面有清新的空氣等着你們啊！

最後留在場內的 16 人可以晉級！

大家加油吧！

古斯馬的吹氣攻擊
令很多參賽者都抵擋不住！

已有 12 人
被淘汰了，
還剩 4 人！

森巴應該
撐得住吧。

哇，
怎會出現了個
小型龍捲風？

竟然把煙霧
都吸進去了！

在龍捲風
中心的原來
是森巴！

我忍不住啦！

啊，
有4個人同時
離開了！

叮叮叮

第一回合
比賽結束！

臭氣都被吸走了。

嘎——

場內的16位
參賽者可進入
下一回合！

森巴先生，
為甚麼你會想到
用放屁這招對付
其他參賽者？

不
知
道

······

舔

嗚——

好苦

以下我會
介紹一下
16強選手
的名單。

瑜伽輝

能從口中吐出火焰煮食。
因為頸長，氣管也特別長。

惡媽

氣量充足，每天
都能叫 7 個子女
回家吃飯做功課。

快做功課
呀！

肺小子

喜歡 Cosplay
的中學生。

沉默大叔

為了省回口氣，
可以連續十日
不說話。

古斯馬

滿肚怒氣的
深山野人。

蛙王

400 米蛙式冠軍，
據說能一口氣
游到終點。

歌唱家蘇珊

巨肺女高音，
可唱出超廣闊的
音域。

大喊包

事無大小都
放聲大哭的
幼稚園生。

79

又到了新一頁，第二回合比賽即將展開！

這回合要考驗各位的肺活量！

台上放置了10件大小不同的物件。

各位要站在白線外，盡力把它們吹倒！

10件物品代表了10級難度，參賽者可隨意選擇不同難度挑戰。

第1級難度

每人有三次機會，最後計算成功吹倒的最高級別作為總分。

排名	選手	等級			總分
1st		1	3	6	6
2nd		2	5	7	5
3rd		3	4	8	4

呼————

森……森巴挑戰第1級成功。

Yeah

輪到下一位青蛙王子。

到!

我呢?

青蛙王子挑戰第2級！
是鉛筆1支！

順利過關！

1st		2	● ●
2nd		1	● ●
			● ●

83

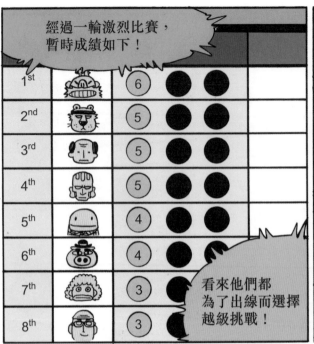

經過一輪激烈比賽，暫時成績如下！

1st		⑥ ● ●	
2nd		⑤ ● ●	
3rd		⑤ ● ●	
4th		⑤ ● ●	
5th		④ ● ●	
6th		④ ● ●	
7th		③ ●	
8th		③ ●	

看來他們都為了出線而選擇越級挑戰！

森巴，第二輪你想挑戰哪級？

2

啊？你這樣贏不到的啊……

不 緊 張

其實他根說「不要緊」。

呵 準 備

要進行儀式嗎？

呼

噗！

84

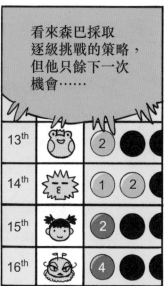

第 9 級難度，小型暴龍骨架！
古斯馬第二次嘗試就吹倒了！

砰——！

16th	-3-	①	②	⚫	

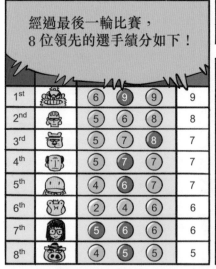

經過最後一輪比賽，8 位領先的選手績分如下！

1st		6	9	9	9
2nd		5	6	8	8
3rd		5	7	8	7
4th		5	5	7	7
5th		4	6	7	7
6th		2	4	6	6
7th		5	6	6	6
8th		4	5	5	5

森巴，現在只欠你未決定最後一輪挑戰哪個級別。

很 難 決 定

你選好了嗎？

當然是選能入圍的挑戰啦，笨蛋！

你叫得再大聲他都聽不到的。

86

不用氧氣的呼吸？
——各種生物的呼吸方式

人類跟很多動物一樣用肺部呼吸，但有更多生物是以別的部位進行這動作的！

氣管

昆蟲的氣管與人類不同，沒有接駁肺部。昆蟲全身都佈滿氣管，空氣通過氣門流入體內，直接進行氣體交換。

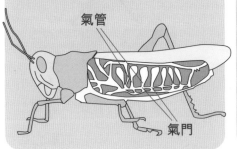

鰓

鰓是很多水棲生物的呼吸器官，只要水流經鰓部，水中的氧氣就會被吸收至血液。一些陸上生物如蝸牛、蚋蚴等，也會用鰓吸收濕氣中的氧氣。

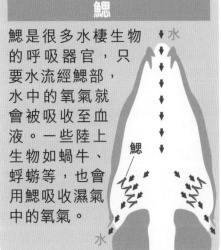

皮膚

兩棲類像青蛙的皮膚非常濕潤透氣，能夠讓血管直接與四周的空氣進行氣體交換。其實很多動物包括人類也會以皮膚呼吸，但只佔整體呼吸量約1%左右。

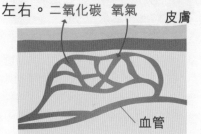

肺

大部分陸上動物都有肺部。肺魚是長有肺部的特別魚類，牠們的魚鰾在離開水中時可作為肺使用。

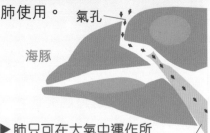

▶肺只可在大氣中運作所以海洋哺乳類如鯨豚等也必須露出水面呼吸。

那為甚麼有不用氧氣的呼吸？

首先我們要清楚氧氣的作用。

氧氣──電子接收器

粒線體製造能量的過程，簡單來說就是把電子傳來傳去的連串反應。這顆電子最終傳到氧氣手上，此動作能生產更多能量，還有「水」這個副產物。

沒氧氣參與的呼吸

世上有些微生物一曝露在氧氣中就會死亡，所以它們需要無氧呼吸。其實這只是把接收電子的終端，由氧氣改為別的物質而已。

製造能量流程

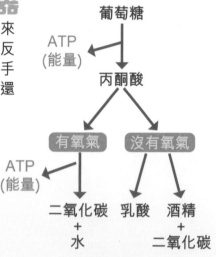

葡萄糖

ATP（能量）

丙酮酸

有氧氣　　　沒有氧氣

ATP（能量）

二氧化碳＋水　　　乳酸　　　酒精＋二氧化碳

▲發酵作用就是無氧呼吸的代表，不同有機物接收電子後會產生酒精或乳酸，酒和乳酪也是這樣製作出來的！

腳

痛

▲我們做劇烈運動時，氧氣供應趕不上能量消耗，粒線體也會以無氧呼吸填補，這時產生的乳酸就是肌肉酸痛的成因了。

第四回
水中問答賽

歡迎來到巨肺運動會的主場館！

經過兩輪激烈比賽，現在只剩下8位參賽者！

每次都淘汰一半參賽者。

第3回合將分為兩部分…

8 ➔ 4 ➔ 2

最後2位將會進行冠軍爭奪戰！

咕~~~~~~~

很餓

沒氣力比賽

那麼……
先吃點東西
吧。

趁着參賽者們
正在用膳，

讓我
介紹一下
比賽規則吧。

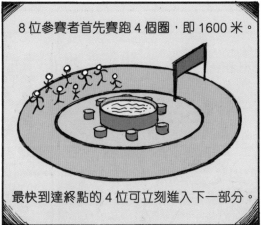

8 位參賽者首先賽跑 4 個圈，即 1600 米。

最快到達終點的 4 位可立刻進入下一部分。

賽道中央有個水池，
4 位參賽者要戴上潛水鏡，
選個位置閉氣望向池底。

每個位置也在
池底寫了一條問題，
最快答中的兩人
便可晉身決賽！

98

豹花已經跑了400米！

但森巴仍然在場邊午睡啊！

喝——

森巴快起來呀！還不跑就追不上了！

古斯馬和瑜伽輝亦進入第2個圈！

乞嚏——

森巴終於醒了！

啊

!!

發生甚麼事

糟了！森巴睡過午覺，竟然忘了自己正在做甚麼！

呵～～～～

首先做早操一

你正在比賽中啊！！

?

剛才故事說到這裏……

呵

森巴終於起跑了！

他以飛快的速度追趕其他參賽者！

怎會這麼快!?他是甚麼人啊？

01:45

Hi～～～

森巴轉眼間跑完一圈，已進佔第6位！

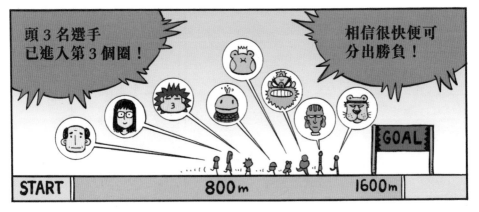

104

105

森巴正在看池底的問題呢！

到底他能否率先進入決賽？

哪一個是氧氣的化學符號？
①P_4　②O_2
③XYZ　④H_2

107

了

錯！森巴要選另一個位置回答下一題了！

瑜伽輝和古斯馬都到達水池邊了！

森巴準備第二次嘗試！

魚類在水裏用甚麼器官呼吸？

?

看不明白……

答對了！第一位晉身決賽的是……

!!

空氣其實是甚麼？

——拆解空氣成分

空氣不就是氧氣加二氧化碳嗎？

這只是空氣中的一小部分！

空氣中跟呼吸系統關係最深的是氧氣和二氧化碳，但這兩種氣體實際上只佔約五分一……

空氣成分

氬氣 約 0.9%
比氮氣更穩定，基本上不會產生化學反應。人類會用在燈泡、玻璃窗等產品上作保護用途。

氧氣 約 21%
很容易產生化學反應的氣體，如果空氣中含氧量太高，地球上的東西就會一直燃燒，我們根本無法生存。

氮氣 約 78%
無色無味，非常穩定的氣體。氮氣是維持生存環境的重要元素，而且能阻擋殞石等撞擊，保護地球。

二氧化碳 約 0.04%
主要溫室氣體，能夠鎖住太陽照射到地球的熱能，保持地面溫暖。

其他
如水蒸氣、氫氣、臭氧、甲烷、氦氣等等。

Check! 除了水蒸氣含量變化較大，空氣成分大致上是穩定的，在我們有生之年也不會看到大幅度改變。

大氣層的空氣分佈

空氣分子基於地球引力而停留在大氣層,較重的分子會下沉,但因為熱空氣往上升,所以空氣分佈並非清晰地層層相隔。

約 800-3000km

散逸層
主要是最輕的氫氣、氦氣,
分佈極疏落,更會散逸至外太空。

約 80-800km

增溫層
由稀薄的氧氣和氮氣組成。
太陽的紫外線會把氣體粒子中的電子分離,
形成電離層,是無線電波傳遞的關鍵。

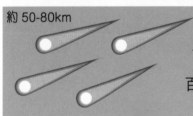

約 50-80km

中間層
本層頂部是大氣層最冷的位置,
只有約 -85℃。每日都有數以
百萬計物體從宇宙墜落這層燒毀,
形成美麗的流星。

約 11-80km

平流層
空氣只會橫向移動的一層,
吸收紫外線的臭氧層就在此處。

約 0-11km

對流層
我們生活的大氣層底部,佔了整個
大氣層的 75% 質量。絕大部分的
天氣現象都只會出現在這層。

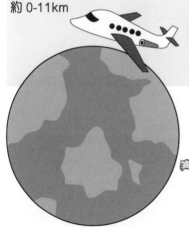

Check!

由於氮氣比氧氣
輕,才可把大量
氧氣鎖在地面,
幫助我們呼吸!

第五回
決戰吹羽毛

沒錯，氧氣的化學符號就是 O_2！

恭喜
古斯馬！

我終於取得第1名了！

至於最後一個出線名額……

青蛙王子仍在整理他的眼罩！

瑜伽輝已開始看第一條問題！

森巴直到現在都未能看懂任何一條問題……

謝謝你剛才幫了我，這次就讓我報恩吧。

這題的答案是⋯⋯

啊

你一定要打敗古斯馬啊。

Ｏk

嘿──

來吧

?

我們先休息一會，決賽即將開始！

Ladies & Gentlemen!!

轉眼間
巨肺運動會
已來到最後
一場比賽！

究竟
誰能奪得冠軍，
拿走 10,000 元
獎金？

有請兩位
參賽者出場！

規則很簡單，
雙方只能用口吹氣，
把羽毛吹到對方範圍
地上便得 1 分。

首先得到 3 分
的一方就是
冠軍！

羽毛吹過了森巴頭上！

幸好森巴身手敏捷，救下了！

羽毛掉到地上了，古斯馬先得1分！

我有問題！

古斯馬用鼻吹氣，算不算犯規？

厲害！

森巴加油！

古斯馬

口和鼻都可用來呼吸，空氣同樣能通往氣管，基本上不算是犯規⋯⋯

屁 屁 呢？

放屁不是呼吸啊！犯規！

比賽繼續！！

這次由森巴開始！

呀——

古斯馬竟然連森巴都吹倒地上!

羽毛快着地了!

呼—

128

恭喜，這是你的獎金。

多謝

亞軍獎 ……

讓我幫你儲起來慢慢用吧！

好 呀

恭喜森巴！我就知道你一定會拿冠軍的！

阿 伯

你怎會在這時候出現？

給 你

嗚……

我的教練費終於到手了！

$400

不如用你的獎金……

好 啊

保護空氣全賴有你
空氣污染成因與對策

空氣污染是重點環保議題，但空氣是怎樣被污染？又會帶來哪些害處？

空氣污染源

花粉與黴菌
基於氣候改變而產生，多在春季盛行。除了會令過敏人士受苦，有些黴菌更具毒性，但由於是大自然的產物，因此政府難以監管。

溫室氣體
雖然溫室氣體有助保暖，但過量的話就會使氣溫持續上升。化石燃料排放的二氧化碳是主要污染源頭。

有害物質
例如鉛、水銀等，眼睛、皮膚或肺部接觸到少量就有機會致癌甚至死亡的物質。多在燃燒煤、汽油時產生，現時多國都有嚴格監管。

煙霞
主要為工業排放的微粒，小於 10 微米的稱為 PM10，會積聚在肺部；小於 2.5 微米的則稱為 PM2.5，能夠穿透肺泡進入血液，嚴重損害健康。

香港的空氣污染

香港有兩大空氣污染源頭，無時無刻都在影響着我們！

①二氧化氮

汽車排放的二氧化氮會刺激眼睛及呼吸系統，引致過敏及減弱抵抗力。香港約有80萬架登記車輛，是最大污染源頭，政府設置的空氣質素監測站經常錄得超標。

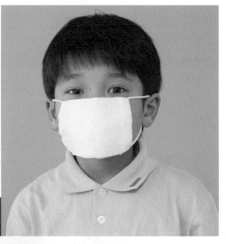

氣體分子比病毒更小，即使配戴口罩亦難以完全阻隔。

②懸浮粒子

香港冬季吹東北風，空氣由陸地流向海洋，會把內陸的工業廢氣帶來。空氣質素健康指數最差的紀錄，大部分是東北季候風期間，兩大污染疊加起來所致。

颱風前夕空氣靜止，使懸浮粒子下沉，也是空氣指數跌破錶的主因之一。

Check!

空氣質素健康指數

環保署在香港各處設置有13個監測站及3個路邊監測站，每日公佈空氣指數，如超過10就屬於嚴重級別。

我們難以完全防備空氣污染的。

預防勝於治療，所以必須做足環保措施！

大家都做得到的環保工作

空氣污染後果相當嚴重，但要確保能夠呼吸新鮮空氣，我們還能做不少工作的。

購物親力親為

貨船、貨車排放的廢氣量極高，我們購物時可考慮減少商品的運輸過程，例如無必要的話親自購物代替網購，或選購運送路途短的本地產品等等。

交通工具的選擇

汽車廢氣是香港最大污染源，我們可每人多走一步，儘量減低路面行走的汽車數量。例如選乘公共交通工具，或以步行、踏單車等方式代替。

節省能源

發電廠也是排放廢氣的元兇，日常生活省電除了節約能源，也可讓空氣清新一點。

第2集 呼吸的知識

編繪：姜智傑　原案：森巴FAMILY創作組
監修：陳秉坤　　編輯：羅家昌、郭天寶
設計：麥國龍、陳沃龍、徐國聲

出版
匯識教育有限公司
香港柴灣祥利街9號祥利工業大廈2樓A室

承印
天虹印刷有限公司
香港九龍新蒲崗大有街26-28號3-4樓

發行
同德書報有限公司
九龍官塘大業街34號楊耀松（第五）工業大廈地下
電話：(852)3551 3388　　傳真：(852)3551 3300

第一次印刷發行　　　　　　　　　　　　　　　　2020年12月
"森巴STEM"　　　　　　　　　　　　　　　　　　翻印必究
©2020 by Rightman Publishing Ltd. / Keung Chi Kit. All rights reserved.

ISBN : 978-988-74720-3-2
港幣定價 HK$60
台幣定價 NT$270

發現本書缺頁或破損，
請致電25158787與本社聯絡。

網上選購方便快捷　　購滿$100郵費全免
詳情請登網址 www.rightman.net